BEI GRIN MACHT SICH IHR WISSEN BEZAHLT

- Wir veröffentlichen Ihre Hausarbeit,
  Bachelor- und Masterarbeit

- Ihr eigenes eBook und Buch -
  weltweit in allen wichtigen Shops

- Verdienen Sie an jedem Verkauf

Jetzt bei www.GRIN.com hochladen
und kostenlos publizieren

Bibliografische Information der Deutschen Nationalbibliothek:

Die Deutsche Bibliothek verzeichnet diese Publikation in der Deutschen National-
bibliografie; detaillierte bibliografische Daten sind im Internet über http://dnb.d-
nb.de/ abrufbar.

Impressum:

Copyright © 2018 GRIN Verlag
Druck und Bindung: Books on Demand GmbH, Norderstedt Germany
ISBN: 9783668665606

Tara Piaszinski

Inselparadies Malediven? Die Idylle in Gefahr durch Klimaerwärmung, Massentourismus und Umweltverschmutzung

GRIN Verlag

Leibniz-Gymnasium Potsdam

Städtische Schule Potsdam

Facharbeit im Fach: Geografie

Klasse 9A

Schuljahr 2017/2018

Name der Schülerin: Tara Piaszinski

Thema:

Malediven – Paradies am Abgrund

Inhaltsverzeichnis

1. Einleitung

Bei dem Wort „Malediven" denkt man unmittelbar an ein Inselparadies mit hellen Sandstränden im türkisblauen Ozean. Die Malediven gelten deshalb als das Urlaubsparadies schlechthin. Zugleich assoziiert man mit den Malediven aber auch Umweltprobleme und die Bedrohung ihrer Existenz durch die globale Erwärmung und den damit verbundenen Anstieg des Meeresspiegels.

Im Sommer 2017 hatte ich die Möglichkeit, die Malediven zu besuchen und habe hier versucht, auch hinter die „Kulissen" eines Inselparadieses zu schauen. Zugleich konnte ich den Medien der letzten Monate immer wieder entnehmen, dass der aktuelle US-Präsident die Existenz von globaler Erwärmung und Klimawandel leugnet und damit das Umweltbewusstsein der verantwortlichen Entscheidungsträger in Politik und Wirtschaft negativ beeinflusst. Vor diesem Hintergrund möchte ich mich in der vorliegenden Facharbeit näher damit auseinandersetzen, ob und durch welche Faktoren die Malediven konkret bedroht sind und welche Gegenmaßnahmen mit welchem Erfolg ergriffen werden können.

Zu diesem Zweck werden im ersten Teil der Arbeit zunächst die geografische Lage, relevante Begrifflichkeiten und die Entstehung der Malediven beschrieben (Kapitel 2). Im zweiten Teil werden die wesentlichen Bedrohungsfaktoren wie Klimawandel, Meeresspiegelanstieg, Massentourismus und steigendes Müllaufkommen sowie ihre Auswirkungen auf die Existenz dieser Inselwelt dargestellt (Kapitel 3). Schließlich wird im dritten Teil der Arbeit auf ausgewählte Maßnahmen eingegangen, um die weitere Existenz der Malediven zu sichern.

2. Lage, Begriffe und Entstehung

2.1. Lage und Begrifflichkeiten

Abb. 1: Lage der Malediven

Die Malediven sind eine Gruppe von 1.196 Inseln, welche sich in 19 Gruppen über 26 Atolle erstrecken. Sie befinden sich im Indischen Ozean und liegen südwestlich von Indien und Sri Lanka. Die Inseln erstrecken sich über eine Länge von ca. 870 Kilometern in Nord-Süd-Richtung fast bis zum Äquator (vgl. Abb. 1).

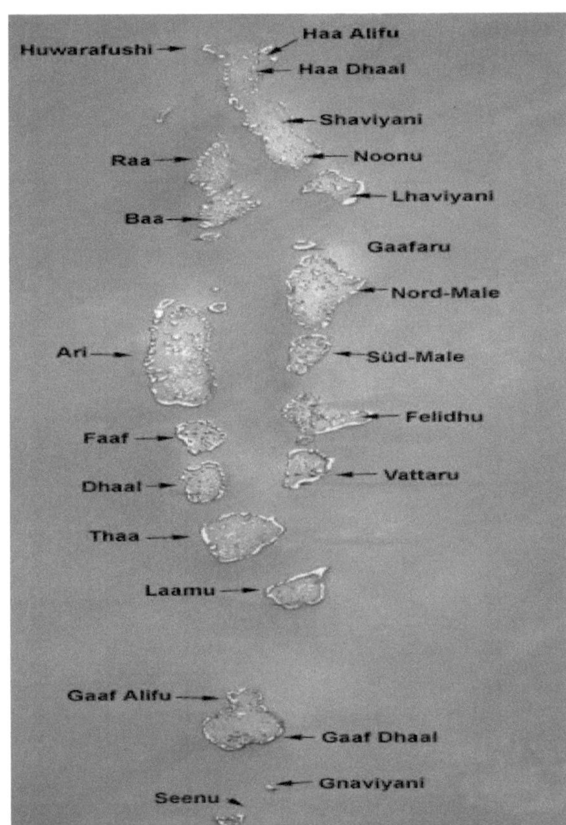

Abb. 2: Übersicht Atolle

Die Inseln verteilen sich auf insgesamt 26 Atolle. Als **Atoll** bezeichnet man ein ringförmiges Riff, das eine Lagune umschließt.[1] Ein **Riff** ist eine unter der Meeresoberfläche liegende Erhebung, die bis dicht unter den Meeresspiegel reichen kann.[2] Die bekannteste Form sind Korallenriffe.

Die auf den Riffringen angeordneten Inseln werden von den Bewohnern der Malediven als „Atholhu" bezeichnet; aus diesem Namen hat sich die internationale Bezeichnung „Atoll" für Koralleninseln abgeleitet.[3] Die Atollkette der Malediven bildet die größte und eindrucksvollste Riff-Formation der Erde [4] (vgl. Abb. 2).

---

[1] Vgl. WIKIPEDIA: Atoll, URL: https://de.wikipedia.org/wiki/Atoll (Stand 12.11.2017)
[2] Vgl. MEYERS NEUES LEXIKON, VEB Bibliographisches Institut Leipzig, 2. Auflage, 1975, Band 11, S. 539
[3] Vgl. FRIEDEL, Michael, in: Malediven, MM-Photodrucke GmbH, Steingau 1988, S. 20
[4] Ebd.

Die Inseln der Malediven erheben sich alle nur rund einen Meter über den Meeresspiegel, die höchste Erhebung beträgt 2,4 m.[5]

2.2. Korallen und Korallenriffe

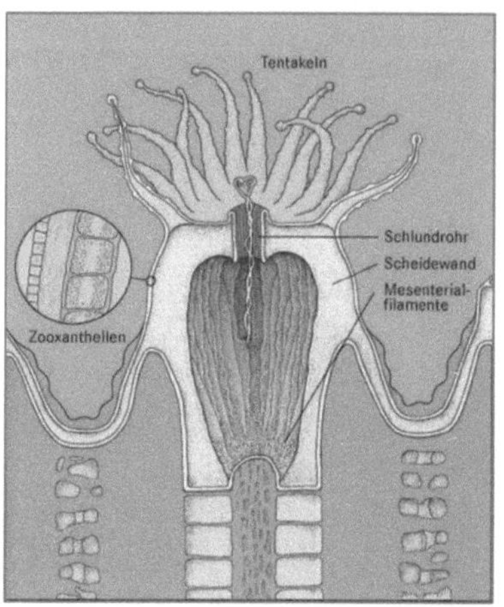

Abb. 3: Grafik eines Korallenpolypen

Wie der Name „Koralleninsel" bereits sagt, haben sich die Inseln aus Korallen entwickelt. **Korallen** sind festsitzende, koloniebildende Nesseltiere, deren Weichkörper von einem hornigen oder kalkigen Stützgerüst umgeben ist.[6] Korallen kommen ausschließlich im Meer vor.[7]

Der Körper der Koralle wird als Polyp bezeichnet. Er ist länglich und hohl. An einer Seite befindet sich ein Schlund zur Nahrungsaufnahme, durch den zugleich die Abfallstoffe ausgeschieden werden. Um den Schlund herum befindet sich ein Ring aus Tentakeln, mit denen die Koralle ihre Nahrung fängt. Fast der ganze Körper des Tieres dient der Verdauung.[8] Der Polyp sitzt zur Hälfte in einem Kalkkelch, vgl. Abb. 3. Die Haut des Polypen besteht aus drei Zellschichten, in der untersten sind sog. **Zooxanthellen** angesiedelt.

Zooxanthellen sind Algen, die mit dem Polypen in einer Symbiose leben. Die Algen nutzen das Wasser und das Kohlendioxid, welches der Polyp ausscheidet, für ihren ei-

---

[5] Vgl. WIKIPEDIA: Malediven, URL: https://de.wikipedia.org/wiki/Malediven (Stand 12.11.2017)
[6] Vgl. MEYERS NEUES LEXIKON, VEB Bibliographisches Institut Leipzig, 2. Auflage, 1975, Band 8, S. 53
[7] Vgl. WIKIPEDIA: Koralle, URL: https://de.wikipedia.org/wiki/Koralle (Stand 16.12.2017)
[8] Vgl. BOLTEN, Götz: Korallenriffe, in: planet-wissen.de, URL: https://www.planet-wissen.de/natur/meer/korallenriffe/index.html (Stand 05.01.2018)

genen Stoffwechsel und betreiben damit Photosynthese. Dabei produzieren sie mit der Energie der Sonnenstrahlen Sauerstoff und Glukose. Diese Stoffe benötigt der Polyp zum Überleben. Auf einer Außenfläche von einem Quadratzentimeter siedeln sich zirka eine Million dieser Algenzellen an.[9]

Die Algen benötigen für ihren Stoffwechsel Sonnenlicht, aus diesem Grund wächst die Koralle der Sonne entgegen. Kommt sie in den Schatten einer anderen Koralle, verzweigt sie sich wie die Äste eines Baumes, um wieder der Sonne entgegen zu wachsen. Damit sind es die Algen, die die Form der Korallen als auch ihre Farbe bestimmen.[10]

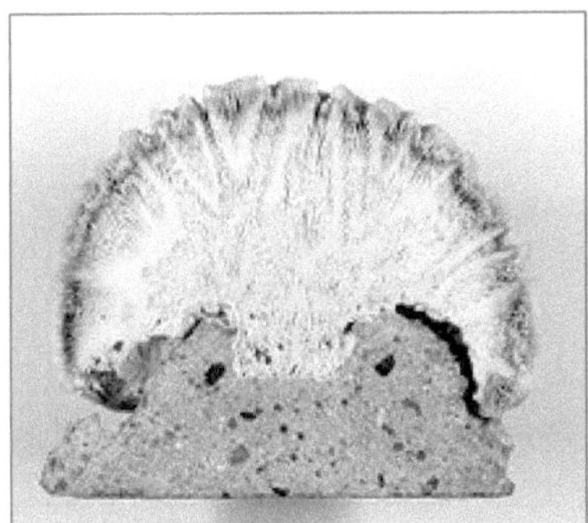

Abb. 4: Schnitt durch eine Steinkoralle

Es wird zwischen Weichkorallen und Steinkorallen unterschieden. Am bekanntesten sind die Steinkorallen, die den Hauptanteil an der Entstehung von Korallenriffen haben. Steinkorallen bilden durch Einlagerungen von Kalk Skelette. Dabei wird totes Skelettmaterial fortwährend von lebendigem Gewebe überwachsen und gibt der Korallenkolonie damit eine feste Stütze. Die Einzelskelette der Korallen sind dabei pflanzenartig verzweigt. An den Zweigenden, den Wachstumsspitzen, sitzen die farbenprächtigen Polypen.[11] Korallen sehen auf den ersten Blick aus wie Blumen, sie werden deshalb auch als „Blumentiere" bezeichnet.[12]

Riffbildenden Korallen wachsen dort, wo die durchschnittliche Temperatur des Oberflächenwassers mindestens 18°C beträgt. Am besten wachsen Korallen bei einer durchschnittlichen Wassertemperatur von 25°C bis 26°C. Die Entstehung von Korallenriffen

---

[9] Ebd.
[10] Ebd.
[11] Vgl. WIKIPEDIA: Koralle, URL: https://de.wikipedia.org/wiki/Koralle (Stand 16.12.2017)
[12] Vgl. DIERCKE, Geographie 9/10 für Brandenburg, Bildungshaus Schulbuchverlage Westermann Schroedel Diesterweg Schöningh Winklers GmbH, Braunschweig, 2009, S. 90

beschränkt sich deshalb auf einen Bereich ungefähr zwischen 30° nördlicher und 30° südlicher Breite.[13]

Korallen wachsen nur sehr langsam, oft nur zwei Zentimeter pro Jahr. Über die Jahrtausende entwickelt sich so auf dem Meeresgrund ein gewaltiges Kalkmassiv – das **Korallenriff**.[14]

2.3. Entstehung von Atollen nach Darwin

Eine der ersten Theorien über die Entstehung der Malediven entwickelte Charles Darwin. Nach seiner heute noch gültigen Theorie entstehen Atolle in drei Entwicklungsstufen:[15]

a) Junge erloschene Vulkaninseln bilden den Untergrund von sog. Saumriffen. Das flache Gewässer um die Insel bietet ideale Voraussetzungen für das Wachstum von Korallen. Diese siedeln sich am Rand der Vulkaninsel an und aus ihren Skeletten bildet sich nach und nach das Riff heraus.

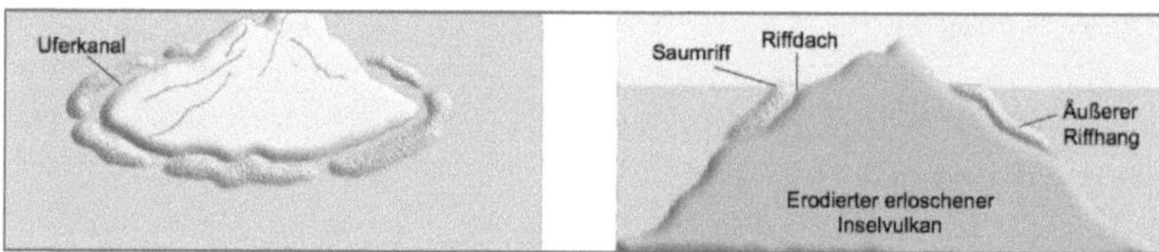

Abb. 5a): Saumriff

---

[13] Vgl. WIKIPEDIA: Korallenriff, URL: https://de.wikipedia.org/wiki/Korallenriff (Stand 05.01.2018)
[14] Vgl. DIERCKE, a.a.O., S. 90
[15] Vgl. Lexikon der Geowissenschaften, Atoll, URL: http://www.spektrum.de/lexikon/geowissenschaften/atoll/1078 (Stand 16.12.2017)

b) Die Insel versinkt im Lauf der Zeit, entweder durch das Absinken des Meeresbo-
dens, durch Erosion oder durch ein Ansteigen des Meeresspiegels. Mit zunehmen-
dem Absinken der Insel bildet sich ein Barriere-Riff, welches durch eine immer tie-
fer werdende Lagune von der Insel getrennt wird.

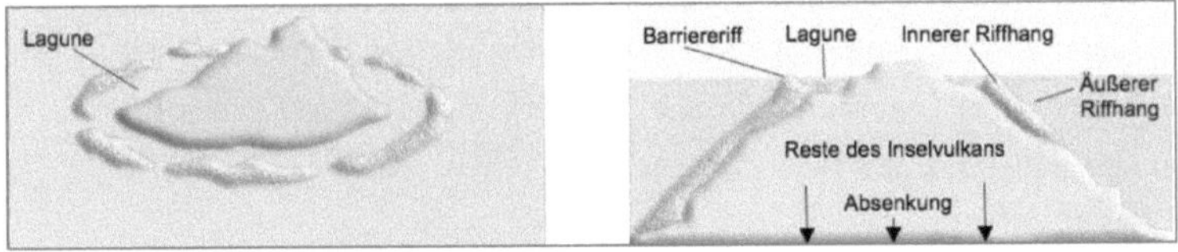

Abb. 5b): Barriereriff

c) Nach dem endgültigen Versinken der Vulkaninsel reicht nur noch das Riff bis an
die Meeresoberfläche und bildet einen Ring von kleinen Inseln – ein Atoll ist ent-
standen. In der Lagune des Atolls sammelt sich Sediment an, das sowohl aus
Riffschutt, also aus abgebrochenen Korallenskeletten, als auch aus Kalkskeletten
von in der Lagune lebenden Organismen (bspw. Muscheln) besteht.

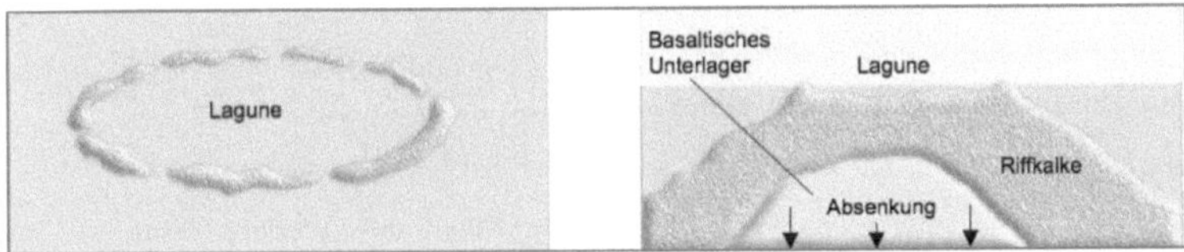

Abb. 5c): Atoll

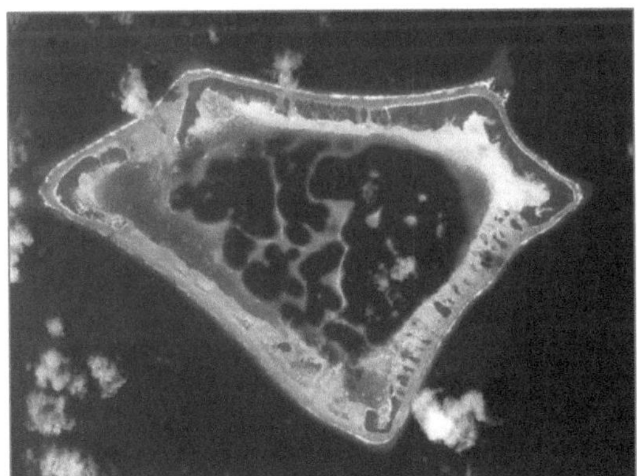

Abb. 6: Atoll und Lagune

Der vorstehend beschriebene Prozess vollzieht sich über einen extrem langen Zeitraum. Das älteste nachweisbare Riff benötigte für seine Entstehung fast 50 Millionen Jahre.[16] Infolge des Absinkens des Meeresspiegels in den Eiszeiten wurden wahrscheinlich größere Korallengebiete freigelegt, die eine wesentlich größere und teilweise auch zusammenhängende Landmasse bildeten. Mit dem erneuten Anstieg des Meeresspiegels nach der Eiszeit blieb davon wenig übrig. Allerdings konnten über den abgestorbenen Korallen aus den Sedimenten der Lagunen Sandbänke aufgeschüttet werden, auf denen sich vor ca. 15.000 Jahren Pflanzen und Tiere ansiedelten.[17]

3. Bedrohung

Die Inseln der Malediven liegen nur knapp über dem Meeresspiegel. Die sie umgebenden Korallenriffe haben zwei wesentliche landschützende Funktionen:[18] zum einen bilden sie eine Kalkmauer im Wasser und schützen so die Inseln vor Stürmen und starkem Wellengang, so dass der Strand nicht abgetragen wird. Daneben wachsen die Riffe mit dem Anstieg des Meeresspiegels mit und schützen die Inseln damit vor dem Versinken. Weiterhin bilden die Korallenriffe den Lebensraum für tausende Fisch- und Pflanzenarten.

Allerdings ist dieses sensible Ökosystem extrem gefährdet. Die Zahl der Korallenriffe hat bereits stark abgenommen, ca. ein Fünftel sämtlicher Riffe sind verschwunden.[19] Die größte Gefahr geht von der globalen Erwärmung der Meere aus. Weitere Bedrohungen stellen das Ansteigen des Meeresspiegels, die Versauerung der Meere, der Massentourismus und die damit verbundene Bautätigkeit sowie die zunehmende Verschmutzung der Meere durch Müll dar.

3.1. Klimaerwärmung

Wie unter Punkt 2.2. ausgeführt leben Korallen in Symbiose mit Zooxanthellen. Zooxanthellen sind sehr wärmempfindlich. Bei einer zu hohen Temperatur des Meereswassers, d.h. bei mehr als 29°C, beginnen die Algen Giftstoffe zu produzieren und werden deshalb von den Korallen abgestoßen.[20] Die Korallen verlieren ihre Farbe und bleichen aus – dieser Vorgang wird auch als **Korallenbleiche** bezeichnet. Ohne Zooxanthellen können die Korallen nicht dauerhaft überleben und sterben ab.

---

[16] Vgl. Entstehung der Malediven – Die Atolle, URL: http://www.malediven-reiseinfo.de/Was_sind_Atolle_/was_sind_atolle_.html (Stand 16.12.2017)
[17] Ebd.
[18] Vgl. Planet Schule, Wissenspool, Klimawandel: Weltweite Zusammenhänge, URL: https://www.planet-schule.de/wissenspool/klimawandel/inhalt/hintergrund/korallen-schutz-vor-dem-untergang.html (Stand 05.01.2018)
[19] Vgl. WIKIPEDIA: Korallenriff, URL: https://de.wikipedia.org/wiki/Korallenriff (Stand 05.01.2018)
[20] Vgl. WIKIPEDIA: Korallenbleiche, URL: https://de.wikipedia.org/wiki/Korallenbleiche (Stand 05.01.2018)

Abb. 7: Gesundes Korallenriff   *Abb. 8: Korallenbleiche*

Im Mai 1998 schlug das Klimaphänomen El Niño verheerend zu. Die tropischen Meere erwärmten sich auf bis zu 33°C. Über 70 Prozent der Korallenpolypen überlebten den Hitzeschock nicht und starben ab. 2002 und 2014 kam es infolge außergewöhnlich hoher Wassertemperaturen zu weiteren umfangreichen Korallenbleichen.

Korallen können sich nach einer Bleiche unter Umständen wieder erholen. Bei den schnell wachsenden Weichkorallen dauert dieser Prozess 10 bis 15 Jahre. Die Steinkorallen, die dem Riff eine stabile Struktur verleihen, benötigen allerdings deutlich mehr Zeit, in der Regel viele Jahrzehnte.[21] Die zunehmende globale Erwärmung und der damit verbundene Anstieg der Meereswassertemperaturen lassen den Korallenriffen aber so gut wie keine Zeit zur Regeneration. Die Abstände zwischen Perioden mit hoher Temperatur werden immer geringer. Die Riffe kollabieren und verlieren damit ihre Schutzfunktion für die Inseln als auch die im Riff angesiedelten Lebewesen.

3.2. Anstieg des Meeresspiegels

Korallen benötigen für ihr Wachstum ausreichend Licht. Ihr natürliches Wachstum wird durch den Meeresspiegel begrenzt. Steigt dieser, so finden die Korallen auch mehr Platz für ihr Wachstum nach oben. Ein zu starker Anstieg des Meeresspiegels führt allerdings dazu, dass die Korallen nicht mehr schnell genug mitwachsen können.

Die globale Erwärmung führt dazu, dass weltweit der Meeresspiegel steigt. Laut Berichten des Weltklimarates steigt der globale Meeresspiegel durch das Schmelzen der Inlandgletscher, des Eises in der Antarktis und in Grönland, sowie durch die thermische Ausdehnung des Ozeans im Mittel um etwa 3,1 Millimeter pro Jahr.[22] Diesem schnellen Anstieg kann das Wachstum der stabilitätsbildenden Steinkorallen nicht folgen. Die Inseln werden durch die sie umgebenden Riffe nicht mehr geschützt, werden überspült

---

[21] Vgl. Planet Schule, Wissenspool, Klimawandel: Weltweite Zusammenhänge, URL: https://www.planet-schule.de/wissenspool/klimawandel/inhalt/hintergrund/korallen-schutz-vor-dem-untergang.html (Stand 05.01.2018)
[22] Ebd.

und versinken im Meer. Nach den Hochrechnungen der Vereinten Nationen stehen in 100 Jahren die Malediven größtenteils unter Wasser.[23]

3.3. Versauerung der Meere

Der von Menschen verursachte Anstieg von Kohlenstoffdioxid (nachfolgend kurz CO_2) führt in der Erdatmosphäre zu steigenden Temperaturen. Ein Teil der CO_2-Emissionen wird allerdings auch vom Meerwasser aufgenommen. Meerwasser ist leicht basisch, durch die Aufnahme von CO_2 wird der Säuregehalt des Wassers erhöht bzw. der ph-Wert sinkt. Dieser chemische Prozess wird als **Versauerung der Meere** bezeichnet.[24]

Von dieser Versauerung sind zunächst kalkskelettbildende Lebewesen betroffen. Deren Fähigkeit, sich Schutzhüllen bzw. Innenskelette zu bilden, lässt bei sinkendem pH-Wert nach.[25] Das Kalkskelett der Korallen wird faktisch zerstört.

3.4. Massentourismus und Bautätigkeit

Die Entdeckung der Malediven als Urlaubsland begann erst in den siebziger Jahren. Zu diesem Zeitpunkt war ein Tauchurlaub auf den Malediven noch ein Abenteuer in einer unberührten Natur. Allerdings hat sich der Inselstaat innerhalb von nur zehn Jahren zu einem Tourismusmagnet entwickelt. Heute ist der Tourismus der wichtigste Wirt-schaftsfaktor des Landes. Er hat dazu geführt, dass das Land innerhalb kurzer Zeit seine Auslandsschulden tilgen konnte und 2004 von der Liste der ärmsten Staaten der Welt gestrichen wurde.[26] Diese schnelle Entwicklung hat jedoch auch zahlreiche Probleme mit sich gebracht.

Die Bautätigkeit auf den Inseln ist strikt auf die Bedürfnisse der Touristen ausgerichtet und in den vergangenen Jahren permanent angestiegen. Gerade in den ersten Jahren des Ausbaus des Fremdenverkehrs wurde wenig Rücksicht auf eine nachhaltige Entwick-lung genommen. Klimatisierte Bungalows, Spezialitäten-Restaurants, Bars, Süßwasser-Pools, Tennisplätze mit Flutlicht, Fitnesszentren sowie Segel-, Surf- und Tauchschulen gehören zum Standard. Dies steht in starkem Kontrast zu der Tatsache, dass die Maledi-ven eigentlich nicht über die für diesen Luxus erforderlichen Ressourcen an Baumateri-al, Süßwasser, Energie und auch an Lebensmitteln verfügen. All diese Güter müssen teuer eingeflogen werden. Süßwasser wird mit erheblichem Energieaufwand in Meer-

[23] Vgl. BALLSCHMITER, Annemarie: Ein Insel-Paradies kämpft gegen den Untergang, WeltN24, URL: https://www.welt.de/reise/article2793093/Ein-Insel-Paradies-kaempft-gegen-den-Untergang.html (Stand 05.01.2018)

[24] Vgl. WIKIPEDIA: Versauerung der Meere, URL: https://de.wikipedia.org/wiki/Versauerung_der_Meere (Stand 05.01.2018)

[25] Ebd.

[26] Vgl. BISPING, Stefanie: Der Trompetenfisch in der Lagune, Picus Verlag Wien, 2011, S. 20

wasser-Entsalzungsanlagen produziert. Die hierfür erforderliche Energie wird in der Regel durch Dieselgeneratoren bereitgestellt, wobei auch der Diesel anzuliefern ist.

Abb. 9: Wasserbungalows

Die intensive Bebauung der Inseln zeigt sich an der zunehmenden Anzahl von Wasserbungalows, die teilweise direkt auf den gefährdeten Korallenriffen errichtet werden und diese damit zerstören. Die Stelzen der Häuschen verändern zudem die Meeresströmungen: während diese auf der einen Seite zum Erliegen kommen, sind sie auf der anderen Seite umso stärker, so dass in diesen Zonen ein striktes Badeverbot herrscht.

Die Veränderung der Strömungen führt zu verstärkten Sedimentabtragungen. Durch die Errichtung von Mauern und Wellenbrechern versucht man zwar, diesen Abtragungen entgegen zu wirken. Allerdings werden durch diese Bauten die natürlichen Lagunen um die Inseln eingegrenzt, die sich dadurch nicht entwickeln können und in denen sich Dreck und Müll anlagert.

Ein weiteres Problem stellen die vielen Taucher dar, die bei ihren Tauchgängen die Korallen berühren oder sich daraufsetzen und diese damit unbedacht zerstören.

Auch die bei den Touristen beliebten Angel-Touren bei Sonnenuntergang gefährden das sensible Ökosystem. So werden Anker direkt über dem Korallenriff gesetzt. Die geangelten Fische werden nach ihrem Tod größtenteils wieder ins Meer geworfen.

Schließlich trägt nicht zuletzt die zunehmende Anzahl von Urlaubsflügen zur Erhöhung der CO_2-Emissionen und damit zur globalen Erwärmung bei. Allein der Flug von Frankfurt zur Inselhauptstadt Malé verursacht über 3.000 Kilogramm CO_2.[27]

---

[27] Vgl. BALLSCHMITER, Annemarie: Ein Insel-Paradies kämpft gegen den Untergang, WeltN24, URL: https://www.welt.de/reise/article2793093/Ein-Insel-Paradies-kaempft-gegen-den-Untergang.html (Stand 05.01.2018)

3.5. Steigendes Müllaufkommen

Eine unmittelbare Folge der gestiegenen Tourismuszahlen ist der Anstieg des Müllaufkommens, und zwar des direkt durch die Touristen verursachten Abfalls als auch von Bauschutt. Nach offiziellen Angaben verursacht jeder Besucher täglich 3,5 Kilogramm Abfall, die Malediver hinterlassen pro Kopf und Tag 1,2 Kilogramm.[28]

Abb. 10: Müllverbrennung auf Thilafushi

Das Problem wird verschärft durch den Mangel an Entsorgungssystemen. Schon die geo-grafischen Gegebenheiten erschweren es, den Müll zu sammeln und zu recyceln. Die 26 Atolle der Malediven liegen weit auseinander, ein reguläres Entsorgungssystem, wie wir es in Europa kennen, wäre mit hohen Kosten und beträchtlichem logistischen Aufwand verbunden. Zur Entsorgung des Abfalls, der auf der Hauptinsel Malé sowie auf den Touristeninseln anfällt, wurde in den 1990er Jahren beschlossen, eine Lagune zu opfern, in der der Müll abgelagert wurde. Es entstand die künstliche „Müllinsel" Thilafushi. Diese besteht nicht nur aus vielen Sorten Haus- und Industriemüll, sondern auch aus riesigen Mengen Chemieabfall. [29] Der Großteil der hierin transportierten Abfälle wird unter freiem Himmel sofort verbrannt. Recycelbare Abfälle sollen zwar aussortiert und per Schiff nach Indien zur Wiederaufbereitung verbracht werden. Es ist allerdings unklar, wie oft und ob dies tatsächlich geschieht.[30]

Für die Abfallentsorgung auf den jenseits der Hauptstadt Malé gelegenen Inseln gibt es andere Wege, sich des Mülls zu entledigen: ein Teil wird auf unbewohnten Nachbarinseln vergraben, ein Teil wird verbrannt, ein Teil wird direkt im Meer verklappt. Es gibt auch keine Einrichtung zur Entsorgung des Altöls der zahlreichen Boote und Dieselgeneratoren.

---

[28] Vgl. FIEDLER, Doreen: Im türkisblauen Wasser eine Insel aus Müll, WeltN24, URL: https://www.welt.de/vermischtes/article131144033/Im-tuerkisblauen-Wasser-eine-Insel-aus-Muell.html (Stand 26.01.2018)

[29] Vgl. SZCZECIAN, Elwira: Diese Tropeninsel besteht aus Müll, URL: https://www.vice.com/de/article/avqjqp/diese-tropeninsel-besteht-aus-muell-960 (Stand 26.01.2018)

[30] Vgl. BISPING, Stefanie, a.a.O., S. 130.

Die aufgrund der fehlenden Entsorgung in das Meer gelangenden Giftstoffe stellen eine direkte Bedrohung der Riffe, der Korallen und der dort lebenden Tiere dar und zerstören diese ebenfalls.

4. Gegenmaßnahmen

4.1. Begrenzung der globalen Erwärmung

Wie unter 3.1. und 3.2. ausgeführt, kann eine bereits marginale Erwärmung des Welt-klimas eine erhebliche Auswirkung auf das Ökosystem der Malediven haben. 80% des Staatsgebietes der Malediven liegt weniger als einen Meter über dem Meeresspiegel und ist bei einem Anstieg desselben deshalb vom Untergang bedroht. Die Regierung der Malediven ist daher bemüht, den möglichen Folgen des Klimawandels neben baulichen Maßnahmen sowie der Umsiedlung von Bewohnerinnen und Bewohnern kleinerer, besonders gefährdeter Inseln auch durch ambitionierte Klimaschutzziele zu begegnen.[31]

Abb. 11: Kabinettssitzung unter Wasser

Der Klimaschutz bzw. die Begrenzung der globalen Erwärmung ist allerdings eine Aufgabe, die nur durch eine gemeinsame Anstrengung aller Staaten, insbesondere der Indus-trienationen, bewältigt werden kann. In medienwirksamen Aktionen hat der vormalige Präsident der Malediven, Mohamed Nasheed, versucht, die Weltöffentlichkeit auf den drohenden Untergang seines Landes aufmerksam zu machen und für eine Begrenzung des weltweiten CO_2-Ausstoßes zu gewinnen. Dazu hielt er 2009 demonstrativ eine Kabinettssitzung unter Wasser ab, um auf den drohenden Untergang seines Landes hinzuweisen. Zudem wollte Nasheed erreichen, dass sein Land bis 2020 als erste Nation der Erde völlig kohlenstoffneutral wird, also keinen Nettobeitrag mehr zur globalen Erwärmung verschuldet. Geplant war hierzu der Übergang zur Versorgung mit erneuerbaren Energien (Sonne, Wind, Wellen). Weiterhin sollten die Treibhausgasemissionen

---

[31] Vgl. GIZ Deutsche Gesellschaft für Internationale Zusammenarbeit (GIZ) GmbH: Malediven, URL: https://www.giz.de/de/weltweit/29506.html (Stand 26.01.2018)

der Ferienflieger durch treibhausgasmindernde Projekte in anderen Ländern kompensiert werden. Diese sollten durch eine angemessene „grüne Kurtaxe" der Touristen finanziert werden. Nach dem erzwungenen Rücktritt des Präsidenten Nasheed in 2012 sind diese Bemühungen allerdings nicht weiterverfolgt worden. Inwieweit die Bemühungen der weltweiten Staatengemeinschaft zur Begrenzung der globalen Erwärmung erfolgreich sein werden, darf an dieser Stelle bezweifelt werden.

4.2. Küstenschutz durch Wiederherstellung und Neuanlage von Riffen

Die ersten Maßnahmen der Regierung der Malediven zum Küstenschutz beinhalteten die Errichtung von Staumauern und Deichanlagen aus Beton, teils auch gegen den Widerstand der Bevölkerung. Durch diese Handlungen wurde die Küstenerosion an vielen Orten jedoch noch beschleunigt und gesunde Korallenriffe zerstört.[32]

Neuere Untersuchungen zeigen, dass die Maledivenkorallen autonom mit dem Ozeanniveau mitwachsen können, wenn sie gesund sind. Die aktuellen Bemühungen sind deshalb darauf ausgerichtet, in geschädigten Riffen wieder neue Korallen anzusiedeln.

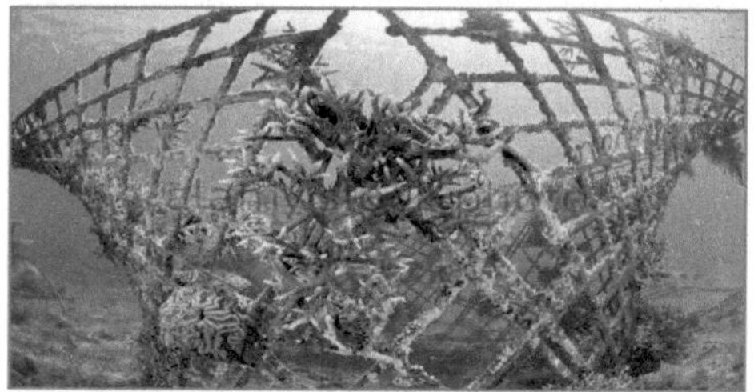

Abb. 12: Biorock-Korallenriff

Hierzu wurde 1996 auf der Insel Ihuru ein künstliches Riff von dem deutschem Architekten Wolf Hilbertz und dem Wissenschaftler Tom Gorau errichtet.[33] Bei dem von ihnen entwickelten sog. **Biorock-Korallenriff** handelt es sich um eine Unterwasserstahlkonstruktion, in die Schwachstrom aus Solarzellen gespeist wird. Durch die elektrische Spannung fällt Kalk aus und schafft so einen riffähnlichen Untergrund, an dem von gesunden Riffen entnommene oder in Laboren gezüchtete Babykorallen angesiedelt werden können. Auf der Stahlkonstruktion wachsen die Korallenbruchstücke

---

[32] Vgl. SCHELLNHUBER, Hans Joachim: Wir tauchen bald auf, Artikel in: Die Zeit, 12.11.2015, URL:
http://www.zeit.de/2015/44/malediven-klimawandel-fluechtlinge-hans-joachim-schellnhuber/komplettansicht?print
(Stand 26.01.2018)
[33] Vgl. WIKIPEDIA: Künstliches Korallenriff, URL: https://de.wikipedia.org/wiki/Künstliches_Korallenriff (Stand
26.01.2018)

innerhalb weniger Wochen fest mit dem Untergrund zusammen und in seiner Umgebung finden sich zahlreiche Fische.

Künstliche Riffe mit Biorock-Technologie wachsen deutlich schneller und sind sehr viel haltbarer als Konstruktionen aus Beton.[34] Je länger das künstliche Riff mit Strom versorgt wird, umso mehr Korallen lassen sich auf der Konstruktion nieder. Die Erfahrung hat gezeigt, dass die Korallen an den künstlichen Gestängen widerstandsfähiger und wärmeresistenter scheinen. Als im Jahr 1998 das Klimaphänomen El Niño zuschlug, starben an dieser Konstruktion nur 30% der Steinkorallen, am restlichen Riff über 70%.[35]

4.3. Müllvermeidung und Recycling

Ein deutlich bewussterer Umgang mit Ressourcen, verbunden mit einer Vermeidung bzw. einer Wiederverwertung von Abfall, kann ebenfalls einen wichtigen Beitrag zum Erhalt der Flora und Fauna der Malediven leisten. So ist für jede touristisch genutzte Insel eine eigene Müllverbrennungsanlage und eine eigene Meerwasserentsalzungsanlage vorgeschrieben.[36]

Abb. 13: Wasserflasche

In auf nachhaltigen Tourismus ausgerichteten Resorts erfolgt die Strom- und Warmwasserversorgung der Hotelanlagen und Bungalows zum Großteil über Sonnenkollektoren.

---

[34] Ebd.
[35] Vgl. FRIEDEL, Michael, a.a.O., S. 82.
[36] Vgl. WIKIPEDIA: Malediven, a.a.O.

Das durch die Entsalzungsanlagen gewonnene Wasser wird nicht nur zum Baden und Waschen genutzt, sondern ein Teil dieses Wassers wird durch Filtration und Mineralisierung in Trinkwasser verwandelt, welches in wiederverwertbare Glasflaschen abgefüllt wird. Hierdurch kann der Bedarf an Plastikwasserflaschen einschließlich deren Transports als auch ihres anschließenden Recyclings erheblich reduziert bzw. ganz vermieden werden. Abwässer aus Waschküche und Toiletten fließen nicht ungefiltert in den Ozean, sondern werden im hoteleigenen Klärwerk gereinigt. Das übriggebliebene Wasser wird für die Bewässerung der Pflanzen auf der Insel genutzt.

Die Abfälle werden nach Glas, Plastik, Metalldosen und Biomüll getrennt. Papier, Karton und die restlichen biologisch abbaubaren Materialien werden in der hoteleigenen Verbrennungsanlage verbrannt.

Auch beim Bau und der Renovierung setzten viele Hotels zwischenzeitlich auf natürliche und inseltypische Baumaterialien wie Holz, Bambus und Palmenblätter.

Die vorstehend beschriebenen Maßnahmen eines nachhaltigen Tourismus sind mit entsprechenden Kosten verbunden. Allerdings sind viele Touristen nicht bereit, höhere Preise für einen ökologischen Aufenthalt zu entrichten. Es gibt deshalb nach wie vor sehr viele Touristeninseln, für die ein ressourcenschonender Umgang mit Energie und Wasser leider noch nicht im Fokus steht.

4.4. Tourismus – Begrenzung und Neuausrichtung

Eine gezielte Begrenzung und Steuerung der Touristenströme kann eine wichtige Maßnahme darstellen, um die negativen Auswirkungen des unter Punkt 3.4. beschriebenen Massentourismus und das damit verbundene Müllaufkommen zu reduzieren. Bereits Mitte der 1980er Jahre hatten die Politiker der Malediven deshalb noch davon gesprochen, dass die Anzahl der Touristenankünfte die Anzahl der Einheimischen nicht übersteigen dürfe.[37] Ende der 1990er Jahre wurden große Teile der Malediven als Meeresnationalpark eingerichtet, in denen keine neuen Touristenunterkünfte errichtet werden sollten.[38] Diese Grenze ist zwischenzeitlich allerdings bei weitem überschritten: die

---

[37] Vgl. PAYER, Alois: Entwicklungsländerstudien, Teil V: Ausgewählte Problemfelder der Entwicklung, Kapitel 51: Tourismus, Teil IV, Fassung vom 23.02.2001, URL: http://www.payer.de/entwicklung/entw514.htm (Stand 26.01.2018)
[38] Vgl. WIKIPEDIA: Malediven, a.a.O.

Malediven zählten in 2016 ca. 370.000 Einwohner [39], in 2015 wurden dagegen bereits 1,2 Millionen Touristen gezählt[40], Tendenz steigend.

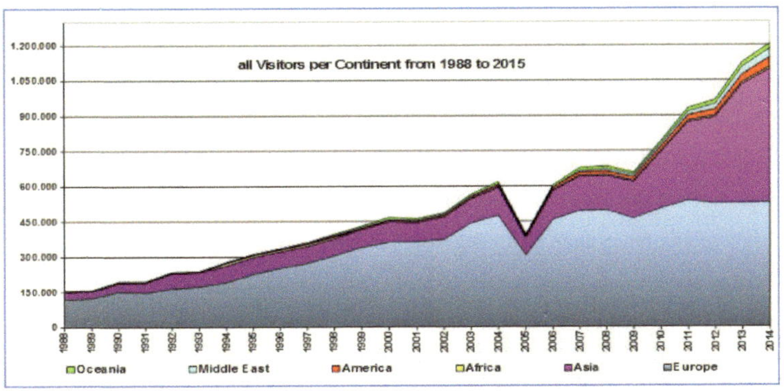

Abb. 14: Entwicklung Touristenzahlen 1998 bis 2015

Da der Tourismus der mit Abstand größte Wirtschaftszweig der Malediven ist, ist eine Begrenzung desselben aus heutiger Sicht auch leider unwahrscheinlich. So hat der vormalige Präsident Mohamed Nasheed in seiner Amtszeit (2008-2012) dem Bau weiterer Ressorts zugestimmt, wenn auch unter erhöhten Bauauflagen. Dies erfolgte nicht zuletzt, um die gestiegenen Einnahmen aus dem Tourismus für eine zukünftig ggf. erforderliche Umsiedelung der maledivischen Bevölkerung zu verwenden.[41]

Die gegenwärtigen Maßnahmen in diesem Bereich beschränken sich deshalb eher auf die Förderung eines verstärkten Umweltbewusstseins bei den Touristen und die Limitierung von Tauchergruppen.

5. Zusammenfassung und Ausblick

Die Korallenriffe der Malediven gehören zu den größten von Lebewesen geschaffenen Gebilden auf unserer Erde. Das symbiotische Zusammenspiel von Algen und Polypen hat über lange Zeit den Lebensraum tausender Fisch- und Pflanzenarten gesichert. Korallenriffe gehören deshalb neben den Regenwäldern zugleich zu den komplexesten und artenreichsten Lebensräumen unseres Planeten.[42]

---

[39] Vgl. Auswärtiges Amt: Malediven, URL: https://www.auswaertiges-amt.de/de/aussenpolitik/laender/malediven-node/malediven/220380 (Stand 26.01.2018)

[40] Vgl. Maledives Yearbook 2016: Maledives Visitor- and Clima-Statistics, URL: http://www.malediven.at/maldivesvisitors.html (Stand 26.01.2018)

[41] SCHELLNHUBER, Hans Joachim: Wir tauchen bald auf, a.a.O.

[42] Vgl. WEBER, Thomas: Malediven, URL: https://www.reisen-malediven.eu/de/natur/korallenriffe.html (Stand 26.01.2018)

Die Entstehung dieses Paradieses hat sich über Millionen von Jahren erstreckt. Dabei hat das Ökosystem Riff Wege gefunden, natürliche Katastrophen wie Sturmfluten oder übermäßige Süßwasser-Zufuhr durch Wolkenbruch zu überleben.

In den letzten Jahrzehnten sind allerdings nahezu alle Korallenriffe der Erde durch die globale Erwärmung, die zunehmende Wasserverschmutzung und den gestiegenen Tourismus in ihrer Existenz nachweisbar gefährdet und sichtbar angegriffen bzw. schon zerstört. An der Entwicklung der Malediven wird auf erschreckende Weise deutlich und erfahrbar, wie das Ergebnis einer über Millionen von Jahren dauernden Entwicklung innerhalb eines Zeitraums von nur wenigen Jahren durch den Menschen und seine Errungenschaften unwiederbringlich zerstört wird.

Die Malediver sind sich der Tatsache der Zerstörung ihrer Lebensgrundlage durchaus bewusst und haben ihre Regeln zur Nutzung und zum Erhalt ihres Lebensraums geändert. Allein werden sie es aber nicht schaffen, ihre Existenz zu sichern. Es ist ihnen und uns allen zu wünschen, dass die Welt- und Staatengemeinschaft kurzfristig dazu in der Lage sein wird, Mittel und Wege zum Erhalt dieses Paradieses zu finden.

Literaturverzeichnis

BISPING, Stefanie: Der Trompetenfisch in der Lagune, Picus Verlag Wien, 2011.

DIERCKE, Geographie 9/10 für Brandenburg, Bildungshaus Schulbuchverlage Westermann Schroedel Diesterweg Schöningh Winklers GmbH, Braunschweig 2009.

FRIEDEL, Michael: Malediven, MM-Photodrucke GmbH, Steingau 1988.

MEYERS NEUES LEXIKON, VEB Bibliographisches Institut Leipzig, 2. Auflage 1975.

Internetquellen

Auswärtiges Amt: Malediven, URL: https://www.auswaertiges-amt.de/de/aussenpolitik/laender/malediven-node/malediven/220380 (Stand 26.01.2018)

BALLSCHMITER, Annemarie: Ein Insel-Paradies kämpft gegen den Untergang, WeltN24, URL: https://www.welt.de/reise/article2793093/Ein-Insel-Paradies-kaempft-gegen-den-Untergang.html (Stand 05.01.2018)

Entstehung der Malediven – Die Atolle, URL: http://www.malediven-reiseinfo.de/Was_sind_Atolle_/was_sind_atolle_.html (Stand 16.12.2017)

FIEDLER, Doreen: Im türkisblauen Wasser eine Insel aus Müll, WeltN24, URL: https://www.welt.de/vermischtes/article131144033/Im-tuerkisblauen-Wasser-eine-Insel-aus-Muell.html (Stand 26.01.2018)

GIZ Deutsche Gesellschaft für Internationale Zusammenarbeit (GIZ) GmbH: Malediven, URL: https://www.giz.de/de/weltweit/29506.html (Stand 26.01.2018)

HÖFLICH, Johannes und ANGERER, Jo: Malediven – Ein Paradies geht unter, Webspecial „Reiseradar – kritisch reisen", URL: http://www1.wdr.de/fernsehen/die-story/kritisch-reisen-malediven-100.html (Stand 24.10.2017).

Lexikon der Geowissenschaften, Atoll, URL: http://www.spektrum.de/lexikon/geowissenschaften/atoll/1078 (Stand 16.12.2017)

Maledives Yearbook 2016: Maledives Visitor- and Clima-Statistics, URL: http://www.malediven.at/maldivesvisitors.html (Stand 26.01.2018)

Planet Schule, Wissenspool, Klimawandel: Weltweite Zusammenhänge, URL https://www.planet-schule.de/wissenspool/klimawandel/inhalt/hintergrund/korallen-schutz-vor-dem-untergang.html (Stand 05.01.2018)

PAYER, Alois: Entwicklungsländerstudien, Teil V: Ausgewählte Problemfelder der Entwicklung, Kapitel 51: Tourismus, Teil IV, Fassung vom 23.02.2001, URL: http://www.payer.de/entwicklung/entw514.htm (Stand 26.01.2018)

SCHELLNHUBER, Hans Joachim: Wir tauchen bald auf, Artikel in: Die Zeit, 12.11.2015, URL: http://www.zeit.de/2015/44/malediven-klimawandel-fluechtlinge-hans-joachim-schellnhuber/komplettansicht?print (Stand 26.01.2018)

SZCZECIAN, Elwira: Diese Tropeninsel besteht aus Müll, URL: https://www.vice.com/de/article/avqjqp/diese-tropeninsel-besteht-aus-muell-960 (Stand 26.01.2018)

WEBER, Thomas: Malediven, URL: https://www.reisen-malediven.eu/de/malediven.html (Stand 19.11.2017).

WIKIPEDIA: Atoll, URL: https://de.wikipedia.org/wiki/Atoll (Stand 12.11.2017).

WIKIPEDIA: Koralle, URL: https://de.wikipedia.org/wiki/Koralle (Stand 16.12.2017)

WIKIPEDIA: Korallenbleiche, URL: https://de.wikipedia.org/wiki/Korallenbleiche (Stand 05.01.2018)

WIKIPEDIA: Korallenriff, URL: https://de.wikipedia.org/wiki/Korallenriff (Stand 05.01.2018)

WIKIPEDIA: Künstliches Korallenriff, URL: https://de.wikipedia.org/wiki/Künstliches_Korallenriff (Stand 26.01.2018)

WIKIPEDIA: Malediven, URL: https://de.wikipedia.org/wiki/Malediven (Stand 12.11.2017)

WIKIPEDIA: Versauerung der Meere, URL: https://de.wikipedia.org/wiki/Versauerung_der_Meere (Stand 05.01.2018)

Abbildungsnachweis

Abb. 1:   URL: https://de.wikipedia.org/wiki/Datei:Maldives_on_the_globe_(Afro-Eurasia_centered).svg (Stand 12.11.2017)

Abb. 2:   URL: http://www.malediventraum.de/articles.php?article_id=4 (Stand 12.11.2017)

Abb. 3:   URL: https://www.planet-wissen.de/natur/meer/korallenriffe/index.html (Stand 05.01.2018)

Abb. 4:   URL: https://de.wikipedia.org/wiki/Koralle#/media/File:Coral_stained_hg.jpg (Stand 16.12.2017)

Abb. 5:   URL: http://www.spektrum.de/lexikon/geowissenschaften/atoll/1078 (Stand 16.12.2017)

Abb. 6:   URL: http://deacademic.com/dic.nsf/dewiki/109226 (Stand 16.12.2017)

Abb. 7:   URL: https://www.thinglink.com/scene/785200613603409921 (Stand 05.01.2018)

Abb. 8:   URL: http://www.zeit.de/wissen/2018-01/korallenbleiche-korallenriffe-klimawandel-erderwaermung-australien-terry-hughes (Stand 05.01.2018)

Abb. 9:   URL: https://www.onlyexclusivetravel.co.uk/resort/taj-exotica-resort-maldives (Stand 05.01.2018)

Abb. 10:   URL: https://www.vice.com/de/article/avqjqp/diese-tropeninsel-besteht-aus-muell-960 (Stand 26.01.2018)

Abb. 11:   URL: http://www.zeit.de/2015/44/malediven-klimawandel-fluechtlinge-hans-joachim-schellnhuber/komplettansicht?print (Stand 26.01.2018)

Abb. 12:   URL: http://www.alamy.de/fotos-bilder/bio-rock.html (Stand 26.01.2018)

Abb. 13:   Piaszinski, Tara: Eigene Aufnahme

Abb. 14:   URL: http://www.malediven.at/maldivesvisitors.html (Stand 26.01.2018)

BEI GRIN MACHT SICH IHR WISSEN BEZAHLT

- Wir veröffentlichen Ihre Hausarbeit,
  Bachelor- und Masterarbeit

- Ihr eigenes eBook und Buch -
  weltweit in allen wichtigen Shops

- Verdienen Sie an jedem Verkauf

Jetzt bei www.GRIN.com hochladen
und kostenlos publizieren